中國地理繪本

西藏、甘肅、青海、寧夏

鄭度◎主編　黃宇◎編著　漢德・昂維爾・杜魯◎繪

中 華 教 育

責任編輯 梁潔瑩
裝幀設計 龐雅美
排　　版 龐雅美
印　　務 劉漢舉

中國地理繪本

西藏、甘肅、青海、寧夏

鄭度◎主編　黃宇◎編著　漢德・昂維爾・杜魯◎繪

出版 / 中華教育

香港北角英皇道 499 號北角工業大廈 1 樓 B 室
電話：(852) 2137 2338　傳真：(852) 2713 8202
電子郵件：info@chunghwabook.com.hk
網址：http://www.chunghwabook.com.hk

發行 / 香港聯合書刊物流有限公司

香港新界荃灣德士古道 220-248 號荃灣工業中心 16 樓
電話：(852) 2150 2100　傳真：(852) 2407 3062
電子郵件：info@suplogistics.com.hk

印刷 / 美雅印刷製本有限公司

香港觀塘榮業街 6 號海濱工業大廈 4 樓 A 室

版次 / 2022 年 10 月第 1 版第 1 次印刷

規格 / 16 開 (207mm x 171mm)

ISBN / 978-988-8808-65-6

目錄

※ 中國各地面積數據來源:《中國大百科全書》（第二版）；中國各地人口數據來源:《中國統計年鑒2020》（截至2019年年末）。

※ ◎為世界自然和文化遺產標誌。

雪域高原——西藏

首府：拉薩
人口：約 351 萬
面積：約 123 萬平方公里

西藏自治區，簡稱藏，是中國西南邊疆藏族主要聚居區。

獻哈達

藏族同胞特別重視「哈達」，把它看作珍貴的禮物。在日常禮儀交往中，常獻哈達以示敬意。

轉經筒

大昭寺

在拉薩市中心，是西藏最著名的寺廟之一，建於公元 7 世紀。

《格薩爾王傳》

講述藏族古代英雄格薩爾降妖伏魔、保護百姓的長篇敍事史詩。

格薩爾王雕像

藏刀

野犛牛

長長的毛可以幫助牠們抵禦高原上的寒冷。

格桑花

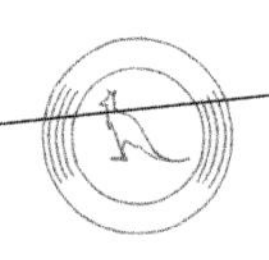

親愛的菲菲，

西藏比我想像中的樣子還要美一萬倍！這裏有蔚藍的天空、潔白的雲朵、綿延的雪山和飄揚的風馬旗。在納木錯，我還和犛牛合照了！

小白

藏醫藥浴法

用天然溫泉、藥物煮熬的水汁或蒸汽來調節身心平衡。

高原紅

很多生活在西藏的人臉上都會紅紅的，就像被太陽親過一樣。

青稞是青藏高原上重要的糧食作物，可以用來做糌粑、釀青稞酒。

藏族服飾

通常有着寬袍長袖，非常保暖。當氣溫上升時，人們可以將衣袖脫下來散熱。

地形地貌

西藏地處被譽為「世界屋脊」的青藏高原，海拔一般在 4000 米以上。

氣候

日照時間長，但高海拔讓這裏的氣溫很低。

自然資源

西藏有很多珍貴的動植物。太陽能和地熱資源豐富，建有著名的羊八井地熱站。

這裏是冰雪之鄉

喜馬拉雅山脈是世界上最高大的山脈，全球海拔超過8000米的14座山峯中，有10座都在這裏。

拔地而起的年輕山脈

令人難以置信的是，這樣雄偉的喜馬拉雅山脈居然是青藏高原上隆起最晚的年輕山脈！

喜馬拉雅山脈地區有很多冰川，其中最著名的是絨布冰川。在這裏，人們可以看到漂亮的冰塔林。

喜馬拉雅山脈的形成

① 很久以前，喜馬拉雅山脈所在的地區還是一片大海。

② 位於大海南方的印澳板塊不斷地向北移動，大海逐漸縮小。

③ 印澳板塊撞上了北邊的歐亞板塊，並鑽到了它的下方。

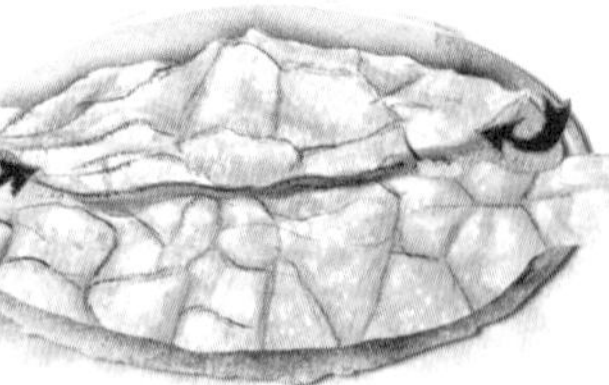

④ 印澳板塊把歐亞板塊越頂越高，喜馬拉雅山脈就這樣形成了。

在喜馬拉雅山脈，人們發現了古老的海洋生物化石。

化石是非常寶貴的，它可以告訴我們很多信息，比如當時的氣候環境和這些生物的生活習性等。

仰望世界最高峯

珠穆朗瑪峯是喜馬拉雅山脈的主峯，也是世界第一高峯，海拔 8848.86 米，被稱為地球的「第三極」。

旗雲

在珠穆朗瑪峯上方，經常可以看到像旗幟一樣隨風飄揚的雲朵，這就是旗雲。經驗豐富的攀登者們可以通過旗雲判斷天氣情況。

登上珠穆朗瑪峯是很多登山探險家的夢想。1960 年 5 月 25 日，中國登山隊首次從北坡攀登到峯頂。

珠穆朗瑪峯，我來啦！

珠峯大本營

高原上的水精靈

青藏高原是世界上海拔最高的高原，被譽為「世界屋脊」。一望無際的綿延雪山和規模宏大的冰川為這片高原帶來了珍貴的水資源，也帶來了蓬勃的生機和壯麗的高原景觀。

羊八井地熱電站

在念青唐古拉山的盆地中，藏着一個特別的發電站。這個發電站的能源不是來自陽光，也不是來自河流，而是來自滾燙的地熱。它就是羊八井地熱電站。

熱氣騰騰的蒸汽像噴泉一樣從地下冒出來，有些甚至可以噴到百米左右的高空。

山頂四季雪，山下四季春

喜馬拉雅山脈實在是太高了，所以山頂和山腳的氣候相差非常大。沿着山脈南坡一路攀登，人們可以看到很多生長在不同氣候中的動植物。

海拔 1100 米以下是熱帶雨林和季雨林。

海拔 2300 ～ 2900 米為山地暖温帶針闊葉混交林。

海拔 1100 ～ 2300 米為山地亞熱帶常綠闊葉林。

納木錯

納木錯是世界上海拔最高的大湖。在藏語裏，納木錯是「天湖」的意思。納木錯的湖水清澈，就像一面鏡子，靜靜地躺在青藏高原上。

雅魯藏布江

雅魯藏布江是中國海拔最高的大河之一，它從冰川上一路奔湧下來，在經過南迦巴瓦峯的時候，突然掉頭，形成了像馬蹄一樣的大拐彎。

海拔 4400 ～ 4800 米為高山冰緣稀疏植被。

海拔 4100 ～ 4400 米為亞高山寒帶杜鵑、山柳等灌叢和高山蒿草草甸。

海拔 2900 ～ 4100 米為山地寒温帶雲杉、冷杉暗針葉林。

雅魯藏布大峽谷

和雅魯藏布江同名，是世界上最大的大峽谷。

南迦巴瓦峯

海拔 7782 米，峯頂終年積雪。

快來拍照吧！

雅魯藏布江

通往世界屋脊的道路

現在，我們可以通過鐵路交通、公路交通等方式進入西藏。但在幾十年以前，西藏的交通運輸很不方便。

高原之舟

青藏高原的山一座連着一座，崎嶇的山路阻擋了人們進出的腳步。在這樣艱險的環境下，犛牛成了人們最好的夥伴。

犛牛的肚子和腿上長滿了厚厚的長毛，就像一張隨身攜帶的厚毯子。

用犛牛毛織成的圍巾特別暖和。

犛牛奶香甜可口，容易被加工成酥油。

進藏公路

20 世紀中期，人們開始修建入藏公路。青藏高原空氣稀薄，不少工人都出現了缺氧的情況，厚厚的凍土層也讓修建公路的過程更加艱辛。

克服了重重困難後，西藏終於通車了。原本犛牛需要幾個月才能走完的路程，汽車只需要三四天。

崑崙山

中國西部的山脈，平均海拔 6000 米，最高海拔在 7000 米以上，山頂終年積雪。

通往西藏的天路

從青海的西寧到西藏的拉薩，青藏鐵路全長近 2000 公里，是世界上穿越凍土地段最長和海拔最高的鐵路。

唐古拉站

青藏鐵路線上海拔最高的火車站。

三岔河大橋

青藏鐵路線上最高的鐵路橋，橋面距離地面 50 多米，約有 20 層樓那麼高。

日光城拉薩

拉薩每年的日照時間非常長，所以有着「日光城」的美稱。

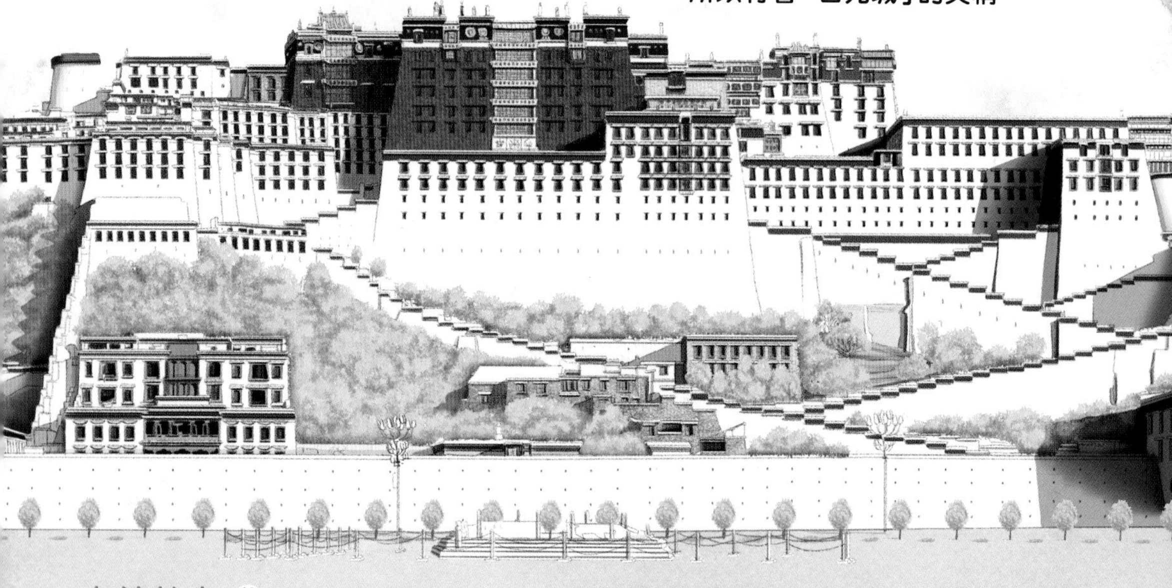

布達拉宮

布達拉宮是藏傳佛教著名建築，是7世紀時松贊干布為文成公主修建的。

文成公主入藏

公元640年，松贊干布派祿東贊前往長安，獻黃金為聘禮請求聯姻，於是唐太宗將文成公主嫁給了松贊干布。

粉刷布達拉宮

藏曆每年9月，各地的藏族同胞都會來到布達拉宮，用牛奶、白糖和紅糖等把布達拉宮粉刷一新。據說這項傳統已經延續了數百年。

① 把牛奶、白糖和白灰等攪拌成塗料。

② 把塗料背上山。

③ 吊在牆壁上粉刷牆面。

從西安到拉薩路途遙遠，據説文成公主歷時3年才走完。

文成公主將造紙術帶到西藏後，當地人生產出了經久耐磨的藏紙。

高原上的狂歡

過林卡、觀看藏戲表演、賽馬、賽犛牛……在西藏，人們的生活真是豐富多彩！

過林卡

對於藏族同胞來說，和親朋好友一起坐在草地上喝茶、聊天、品嚐美食是最好的休閒方式。這種類似於郊遊的活動就是「過林卡」。

酸奶子

酥油茶

糌粑

用青稞等原料做成的一種主食。

誇張的面具造型是藏戲的特點之一。

藏戲

藏戲是一種古老的戲曲劇種，它有着比京劇更悠久的歷史。

有時，人們還會舉辦各種熱鬧的比賽，如賽馬、賽犛牛等。在奔跑的馬兒和犛牛背上，身手不凡的勇士可以做出很多精彩的動作。

隴原河山——甘肅

省會：蘭州
人口：約 2647 萬
面積：約 43 萬平方公里

甘肅省，簡稱甘或隴，地處西北，位於黃河上游，曾是絲綢之路上的重要路段。地形狹長的甘肅，從地圖上看就像一柄玉如意。

瑪曲濕地草原

被譽為「高原水塔」。這裏河流眾多，大小湖泊星羅棋佈。

羊皮筏子

一種古老的水上交通工具，據說在黃河上已使用了約 2000 年。

天水麥積山石窟

因外形看起來像一座麥垛而得名。麥積山石窟的雕像非常精美，被譽為中國雕塑藝術的寶庫。

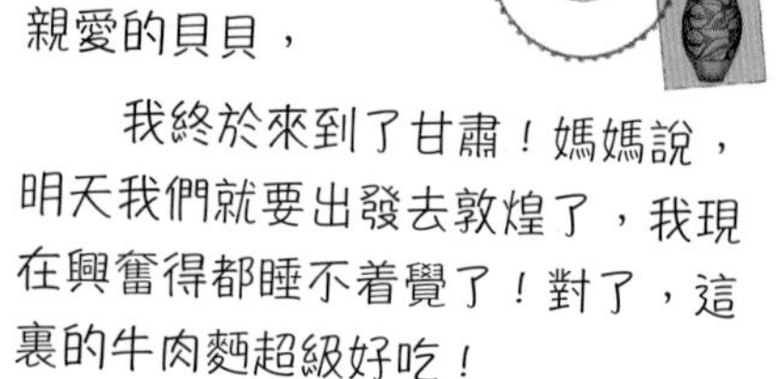

親愛的貝貝，

我終於來到了甘肅！媽媽說，明天我們就要出發去敦煌了，我現在興奮得都睡不着覺了！對了，這裏的牛肉麪超級好吃！

小白

拉卜楞寺

藏傳佛教格魯派六大寺院之一，建於 300 多年前。

張掖七彩丹霞

從高處看，連綿的山脈就像一張天然畫布，而大自然隨意潑灑的顏色造就了這幅傑作！

苦水高高蹺

當地代代相傳的民間藝術，表演者會踩在高達 3 米的高蹺上行走！

銅奔馬

地形地貌

多高原和山地，全省大致可分為隴南山地、隴中黃土高原、甘南高原、祁連山地、河西走廊和北山山地等地形區。

氣候

大部分區域氣候乾旱，夏季多暴雨。有時會有沙塵暴或冰雹天氣。

自然資源

風能和太陽能資源豐富。

臨夏磚雕

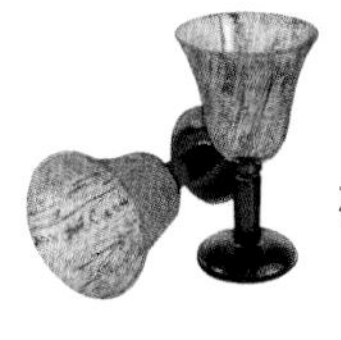

夜光杯

猞猁

四肢粗長，行動敏捷，尖尖的耳朵上長着深色的長毛。

金絲猴

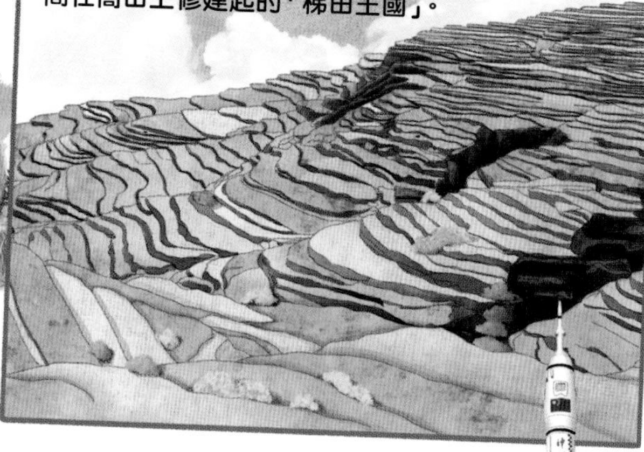

莊浪梯田是當地居民用 30 多年時間在高山上修建起的「梯田王國」。

黃河石林

幾百萬年前，這裏還是水的世界，現在只留下了這些高聳的石柱。這些石柱最高的有 200 多米，相當於 70 層樓高。

酒泉衛星發射中心

「東方紅 1 號」衛星、「神舟 7 號」等都是在這裏發射成功的。

蘭州剪影

黃河被稱為中國的「母親河」，她流經9個省份，最後匯入渤海。在這條漫長的道路上，蘭州是一個被黃河穿過的省會城市。

吃在蘭州

蘭州美食千千萬，牛肉麪一定排在第一位。當然，蘭州還有釀皮子、千層牛肉餅等特色小吃，它們一起構成了獨特的蘭州味道。

通常，一碗正宗的牛肉麪需要「一清、二白、三紅、四綠、五黃」。

一清

像水一樣清澈的牛肉湯。

二白

白白的厚切蘿蔔片。

三紅

紅亮香辣的辣椒油。

四綠

新鮮嫩綠的蒜苗。

五黃

透黃的麪條。

牛肉麪的粗細很有講究，根據顧客的喜好，拉麪師可以拉出二細、毛細、韭菜葉等不同粗細的麪條。

釀皮子

千層牛肉餅

很多蘭州人每天都要吃一碗牛肉麪。在隨處可見的牛肉麪館裏，既有可愛的幼稚園小朋友，也有滿頭白髮的老人。

黃河情

在蘭州，到處都可以感受到黃河的影響力。黃河滋養了這一方水土和生活在這裏的一代又一代人。

黃河水車

為了讓黃河水灌溉更多農田，蘭州人製造了很多水車。直到今天，人們還可以在蘭州看到這些龐然大物。

蘭州太平鼓舞

蘭州太平鼓舞至今已有600多年的歷史。表演時，人們左手執鼓，右手擊打，不時還把鼓拋向空中，引來觀眾陣陣喝彩。

看不夠的大漠風光

沙漠總給人荒涼的印象，但這片地處西北的大漠卻不乏詩意。聽，它在吟誦着「勸君更盡一杯酒，西出陽關無故人」的詩句。

萬里長城西大門

明長城東起鴨綠江，最終在嘉峪關畫上了句號。在茫茫的沙漠中，嘉峪關就像堅守崗位的士兵一樣，護衛着關內的人們。

長城第一墩

明長城最西端的一座墩台。

嘉峪關門

在古代，商人和其他國家的使者都需要在關門提交「關照」後方可通行。關照就像現在的護照一樣重要。

會唱歌的山丘

鳴沙山是與眾不同的。當人們從沙丘上滑下時，會聽到沙子發出嗡嗡的聲音，就像在唱歌一樣，所以人們把它叫作「鳴沙山」。

爬上鳴沙山可不是一件容易的事情。鬆軟的流沙隨着人們的腳步一點點地往下滑，很多人往上走兩步就會往下滑一步。但人們還是堅持不懈地往高處爬。

如今的鳴沙山除了沙鳴聲，還多了許多歡聲笑語——這裏已經成為遊人感受沙漠魅力的樂園。

月牙泉

月牙泉在鳴沙山腳下，泉呈月牙形，水草叢生，清澈見底。

從高處俯瞰，月牙泉就像落在沙漠裏的一彎蛾眉月。

駱駝

駱駝被譽為「沙漠之舟」，是最適合在沙漠裏行走的動物之一。

稀世珍寶莫高窟

莫高窟又稱「千佛洞」，現存有壁畫和雕塑的洞窟共 492 個，計有壁畫 4.5 萬多平方米，是中國文化藝術史上的瑰寶。

第 96 窟

第 96 窟是莫高窟最具代表性的建築，窟內塑有莫高窟的第一大坐佛，窟外建有一座雄偉的九層樓。

彩塑世界

在敦煌大大小小的石窟裏，珍藏着 3000 多座彩塑像。它們當中，有的約有 10 層樓那麼高，有的只有手指那麼小。但無一例外的是，它們都非常精美。

敦煌彩塑的製作

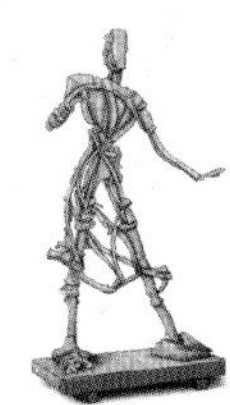

① 製作骨架。根據彩塑的姿勢把木棍固定在一起。

② 紮芯。用蘆葦或者芨芨草紮出人物的框架。

③ 上大泥。用加了麥秸的粗泥塑造人物的身體。

④ 塑形。用粗細相間的泥層層刻畫出身體的細節。

⑤ 用細泥收光。

⑥ 敷彩。用各種礦石顏料為雕像敷上顏色。

壁畫與飛天

莫高窟的洞窟中保存着大量題材廣泛、內容豐富的壁畫。其中，飛天是經常出現的形象之一。

流落海外的珍寶

元朝以後，莫高窟就漸漸被人們遺忘了。常年的風沙侵蝕加上缺少維護，使莫高窟變得千瘡百孔。這種情況一直持續了數百年，直到一位王道士來到了這裏。

石窟，流傳千餘年的藝術殿堂

石窟和一般的廟宇不同，它通常開鑿在陡峭的山崖上。千餘年來，石窟的身影陸續出現在中國許多地方。

石窟的開鑿

在山體上開鑿大型石窟是非常艱難和危險的，所以古代的工匠們發明了一種比較安全的開鑿方式。

開鑿大型石窟的方法

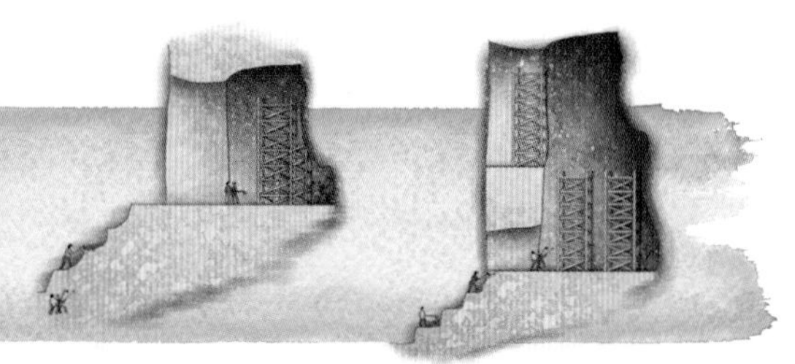

① 在崖壁上鑿出一個洞作為明窗。

② 向上挖出窟頂，然後向下開鑿。

③ 挖通門洞甬道。

④ 如果要在洞窟內建造大型佛像，則要在開鑿過程中預留出相應的石胎。

⑤ 洞窟開鑿好後，進行壁畫和雕像的製作。

不一樣的窟形

就像房屋有着不一樣的造型一樣，看起來大同小異的洞窟也有着不一樣的窟形。

中心塔柱式窟

洞窟中設置着佛塔或者塔柱。

覆斗式窟

洞窟的頂部就像一個倒扣着的碗。

背屏式窟

一塊像屏風一樣的石壁被放置在洞窟裏。

中國三大石窟

敦煌莫高窟、大同雲岡石窟和洛陽龍門石窟通常被合稱為「中國三大石窟」。它們雖然分佈在不同的地區，但都展示了中國石窟的輝煌歷史。

敦煌莫高窟

相傳公元 366 年，僧人樂僔開始在敦煌的山崖上鑿窟造像。之後人們不斷地在這裏修建石窟，終於有了現在的莫高窟。

大同雲岡石窟

公元 439 年，北魏滅了北涼，大量僧人和居民從涼州（今甘肅境內）遷徙到了平城（今山西大同）。後來，曇曜在這裏開鑿了 5 個石窟，俗稱「曇曜五窟」。

露天大佛高 13.7 米，屬於曇曜五窟之一的第 20 窟。

洛陽龍門石窟

公元 494 年，北魏把都城從平城遷到了洛陽，皇室開始在洛陽開鑿石窟。

中華水塔——青海

省會：西寧
人口：約 608 萬
面積：約 72 萬平方公里

青海省，簡稱青，位於連綿不斷的青藏高原上。長江、黃河從這裏出發，奔向各地。豐富的水源讓這裏成為名副其實的「中華水塔」。

地形地貌

青海平均海拔 3000 米以上，山多，峽谷多，盆地多，不過這裏的湖泊也很多。

氣候

高海拔導致了青海的溫度比較低，冬季也很漫長。即使是在夏季，這裏的最高氣溫也只有 20℃左右。

自然資源

青海是長江、黃河、瀾滄江的發源地，所以被稱為「三江源」。這裏的礦產資源也很豐富，有着儲量巨大的鹽類、石油和天然氣等。

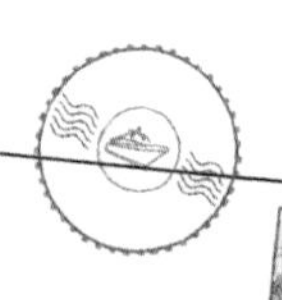

親愛的卡卡，

來到青海後我看到了美麗的青海湖，這裏是鳥類的天堂。你知道嗎？青海湖的水是鹹的。我們還聽當地人講述了可可西里藏羚羊的故事，真希望這些高原精靈可以永遠自由地奔跑在大地上。

小白

土族服飾

門源油菜花

每年 7 月，油菜花在這裏爭相開放，形成一片金黃色的海洋。

花兒

流行於西北地區的一種山歌。

雪豹

生活在寒冷的高原地帶，兇猛而機警，身手矯健。

龍羊峽水電站

黃河上游的大型水電站。

塔爾寺

也叫作金瓦寺、塔兒寺，距今已有400多年的歷史。

白唇鹿

因為嘴唇周圍和下顎是白色的，所以有了這個名字。

盤羊

塔爾寺藝術三絕

② 堆繡藝術以剪、堆等技法塑造形象。

① 酥油花是以酥油為主要原料塑造的雕像。

③ 壁畫造型精美。

站在茶卡鹽湖裏，人們總會有一種站在雲上的錯覺。

尕麪片

青海當地的家常飯，麪片都是用手揪出來的。

柴達木盆地

中國四大盆地之一，鹽、石油等自然資源豐富。

河曲馬

中國三大名馬之一，因生長於黃河上游第一彎曲處而得名。

青海的青海湖

青海湖是中國最大的內陸鹹水湖，青海省的名字就來源於它。每年的七八月份，是青海湖最美的時候。湛藍的湖水邊，是大片金黃的油菜花田，再加上蔚藍天空和潔白雲朵的映襯，這一切構成了一幅色彩繽紛的美景圖！

青海湖為甚麼這麼鹹

很久以前，青海湖還是個淡水湖。後來，隨着周圍山脈的崛起，進出青海湖的水流被阻斷，加上湖裏的水不斷蒸發，青海湖就變得越來越鹹了。

環青海湖國際公路自行車賽

黑馬河邊看日出

黑馬河是觀看青海湖日出的好位置，所以很多人都會選擇在這裏住宿。

黑馬河邊有很多獨具特色的蒙古包。

青海湖裸鯉

又叫湟魚，身體表面幾乎沒有魚鱗，主要生活在青海湖。

日月山

傳說文成公主經過這裏時，把一面日月寶鏡拋在了這座山上，於是人們就把這座山稱為日月山。

唐蕃古道

唐蕃古道從日月山中間穿過，是通往西藏的必經之路。

鳥的天堂

位於青海湖西側的鳥島自然保護區是中國著名的鳥類保護區之一。每年春天，這裏都會聚集着約十萬隻鳥，是名副其實的「鳥類王國」和觀鳥愛好者的天堂。

塞上江南——寧夏

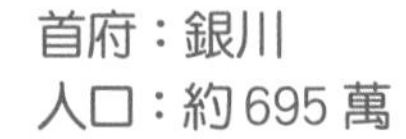

首府：銀川
人口：約 695 萬
面積：約 6.6 萬平方公里

寧夏回族自治區，簡稱寧，是中國回族的主要聚居地區。因為灌溉農業發達，歷史悠久，所以寧夏向來是西北地區重要的農業區。

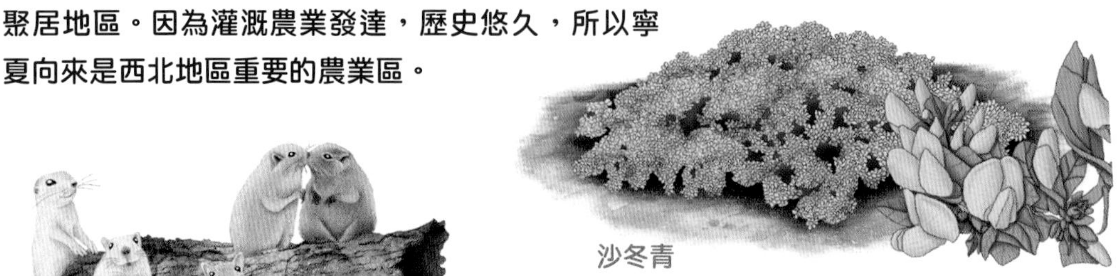

沙冬青

可以在惡劣的自然環境中生存，人們常用它們來防風固沙。

沙鼠

身材小巧，生活在高温、乾燥的荒漠裏。

鎮北堡西部影城

中國著名的影視基地之一，《大話西遊》《紅高粱》等電影、劇集都是在這裏拍攝的。

沙蜥

一百零八塔

古代的大型喇嘛塔羣，塔羣自上而下排列成一個三角形，十分壯觀。

地形地貌

南北狹長，南高北低。地貌複雜，山地迭起，盆地錯落。

氣候

温帶大陸性半乾旱氣候，風大沙多，夏季少酷暑，冬季寒冷而漫長。

自然資源

煤炭等資源豐富，野生動物主要分佈在南部的山地。

沙棘

常種植沙棘用來綠化沙漠，它的果實可以榨成好喝的沙棘汁。

西夏王陵位於賀蘭山東麓，共有 11 座陵墓。

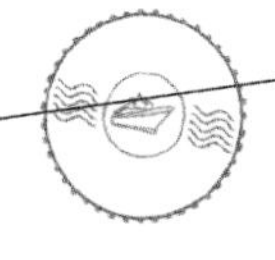

親愛的小雲：

我一直以為寧夏是荒漠的天下，但來到這裏我才知道，這裏也有富饒的平原——銀川平原。

小白

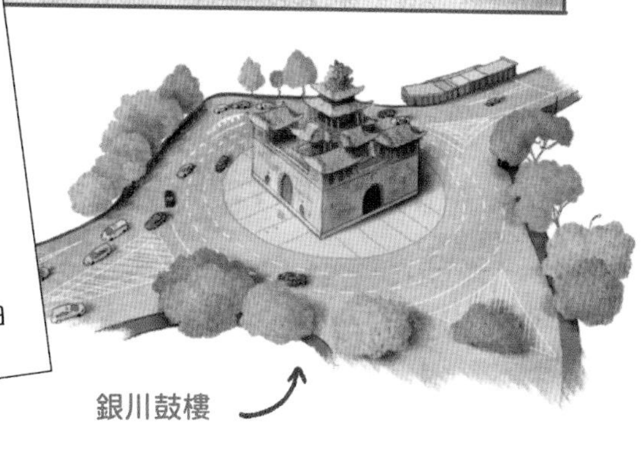

銀川鼓樓

天下黃河富寧夏

當其他地區的人們還在為黃河帶來的災害苦惱時，常年缺水的寧夏人已經在黃河兩岸開鑿水渠，使寧夏成為中國古老的灌區之一。

2000 多年來，人們開鑿了秦渠、漢渠、唐徠渠等古渠灌溉兩岸土地。

又是一個豐收年！

金川銀川米糧川

在地勢平坦的銀川平原，奔湧的黃河漸漸緩和了下來。充足的水源和長時間的日照，使這裏成了最適合農作物生長的地區之一。

水稻是寧夏的主要糧食作物之一，種植歷史悠久。

稻穀、糙米、大米的區別

去掉外殼後是糙米。

有外殼的是稻穀。

糙米加工後得到的是大米。

近年來，人們還在稻田裏養殖了河蟹。

萬畝魚塘

居住在黃河邊的人們把捕魚當作重要的副業。隨着人工養魚的普及，鯉魚、鴿子魚等魚類已經成了人們餐桌上的家常菜。

漁民們在撒網捕魚。

紅燒魚

瓜果飄香

硒砂瓜被稱為「石頭縫裏長出的西瓜」，果肉甘甜，瓤紅多汁。

塞上江南

銀川位於銀川平原的中部，擁有眾多天然湖泊和濕地。據說銀川這個名字就來源於湖面上閃耀的銀光。

巍巍賀蘭山

賀蘭山海拔 2000 米左右，主峯海拔 3556 米，是寧夏最高的山。它就像一道天然屏障，阻擋了來自西北的風沙。

岩羊

喜歡站在陡峭的崖壁上瞭望遠方。

石貂

有時會出現在岩石堆中。

馬鹿

因為臀部有大面積的黃白色斑，所以又被稱為「白臀鹿」或「黃臀鹿」。

青海雲杉林

賀蘭山岩畫

岩畫的內容以人物形象和人類活動為主，此外還有大量的動物和植物形象。通過這些簡單的線條，人們可以更好地了解遠古人類的生活。

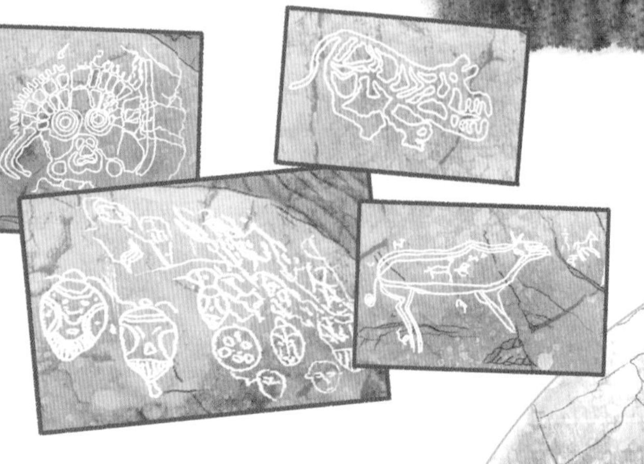

青海雲杉的果實

拜寺口雙塔

兩座塔東西相距 80 多米，建造於西夏後期。

賀蘭山風電場

無處不在的風是一種取之不盡、用之不竭的清潔能源。在風能資源豐富的西北地區，人們把風能轉化成電能，再把電輸送到千家萬戶。2004 年，賀蘭山風電場併網運行，實現了寧夏風力發電零的突破。

風力等級歌謠

零級無風炊煙上；
一級軟風煙稍斜；
二級輕風樹葉響；
三級微風樹枝晃；
四級和風灰塵起；
五級清風水起波；
六級強風大樹搖；
七級疾風步難行；
八級大風樹枝折；
九級烈風煙囪毀；
十級狂風樹根拔；
十一級暴風陸罕見；
十二級颶風浪滔天。

其他類型的發電站

水力發電站

太陽能電站

地熱電站

火力發電

沙，沙，沙！與沙為鄰

在和沙漠打交道的漫長時間裏，寧夏人一直嘗試着和這個變幻莫測的「鄰居」和睦相處。於是，沙子旁出現了清澈的湖水，狂暴的風沙在麥草方格沙障的安撫下平靜了許多。

沙湖是鳥兒棲息的天堂。在蘆葦深處，成千上萬隻鳥兒在這裏生存、繁衍。

空中飛人

摩托艇

早知有沙湖，何必下江南

沒來過沙湖，就不知道原來粗獷的大漠和秀美的江南風光可以融合得這麼完美——眼前是茂盛的蘆葦，背後卻是蒼茫的黃沙。

國際沙雕園

這裏所有令人驚歎的雕塑作品都是用水和沙子為原材料創作出來的。

沙狐

黃河飛索

只需要五六分鐘，人們就可以乘坐索道飛越黃河，到達約 800 米外的對岸。

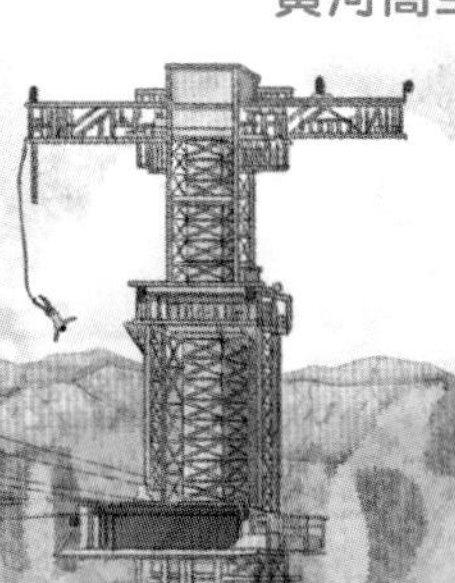

黃河高空彈跳

征服黃沙

沙坡頭位於騰格里沙漠的東南邊緣，常年多風沙，但在人們的共同努力下，沙坡頭創造了舉世矚目的治沙奇跡。

包蘭鐵路

中國第一條沙漠鐵路，沿途經過沙坡頭。

麥草方格沙障的製作

① 在地上畫出間隔 1 米的平行線，然後將麥秸或稻草沿線平鋪。

② 把麥秸或稻草用鐵鍬壓進沙裏一部分，另一部分留在地面上。

③ 用同樣的方法在垂直方向上扎好麥草，使它們形成一個個小方格。

④ 在方格內撒上耐旱植物的種子。

⑤ 耐旱植物長出來後，可以和麥秸、稻草一起抑制風沙的流動。

從 1956 年開始，為了不讓黃沙阻礙包蘭鐵路的運行，人們反覆試驗，終於創造出了麥草方格沙障。沙坡頭也被聯合國評為「世界環境保護區 500 佳」。

你知道嗎 Do you know?

魔鬼城裏真的住着魔鬼嗎

傳說中恐怖的敦煌魔鬼城是一處典型的雅丹地貌羣落。

當大風吹過魔鬼城時，魔鬼城裏會發出「嗚嗚」的聲音，像是有人在竊竊私語。路過的商人們被嚇壞了，以為是魔鬼住在裏面。其實，這是大自然的鬼斧神工。

敦煌雅丹地貌的形成

① 地表抬升，流水沿着裂隙開始侵蝕地表。

② 流水和風一起侵蝕地表，導致溝槽越來越深、越來越寬。

③ 慢慢地，地表形成了壟崗狀雅丹體。

④ 壟崗狀雅丹體進一步被侵蝕，縱向的溝槽將其切割成獨立的小型雅丹體。

敦煌雅丹地質公園裏的雅丹體形態各異，人們根據它們的樣子想出了很多有趣的名字。